BEI GRIN MACHT SICH IHR WISSEN BEZAHLT

- Wir veröffentlichen Ihre Hausarbeit,
  Bachelor- und Masterarbeit

- Ihr eigenes eBook und Buch -
  weltweit in allen wichtigen Shops

- Verdienen Sie an jedem Verkauf

Jetzt bei www.GRIN.com hochladen
und kostenlos publizieren

Henrik May

Mathematische Grundlagen und klassische Physik. Die wichtigsten Themen der klassischen Mechanik und Thermodynamik

Eine Lernzusammenfassung

GRIN Verlag

Bibliografische Information der Deutschen Nationalbibliothek:

Die Deutsche Bibliothek verzeichnet diese Publikation in der Deutschen National-
bibliografie; detaillierte bibliografische Daten sind im Internet über http://dnb.d-
nb.de/ abrufbar.

Impressum:

Copyright © 2012 GRIN Verlag, Open Publishing GmbH
Druck und Bindung: Books on Demand GmbH, Norderstedt Germany
ISBN: 978-3-668-00454-2

Dieses Buch bei GRIN:

http://www.grin.com/de/e-book/301644/mathematische-grundlagen-und-klassische-
physik-die-wichtigsten-themen

GRIN - Your knowledge has value

Der GRIN Verlag publiziert seit 1998 wissenschaftliche Arbeiten von Studenten, Hochschullehrern und anderen Akademikern als eBook und gedrucktes Buch. Die Verlagswebsite www.grin.com ist die ideale Plattform zur Veröffentlichung von Hausarbeiten, Abschlussarbeiten, wissenschaftlichen Aufsätzen, Dissertationen und Fachbüchern.

Besuchen Sie uns im Internet:

http://www.grin.com/

http://www.facebook.com/grincom

http://www.twitter.com/grin_com

Zusammenfassung

Mathematische Grundlagen der Physik

1. Vektoren

1.1. Winkel zw. Zwei Vektoren

$$\cos(\gamma) = \frac{|\vec{v} * \vec{u}|}{|\vec{v}| * |\vec{u}|}$$

1.2. Projektion in e_s-Richtung:

$$F_\parallel = (F \cdot \hat{e}_s) \cdot \hat{e}_s$$

1.3. Kreuzprodukt (||:Fläche)

$$\vec{a} \times \vec{b} = \begin{pmatrix} a_2 b_3 - a_3 b_2 \\ a_3 b_1 - a_1 b_3 \\ a_1 b_2 - a_2 b_1 \end{pmatrix}$$

weil $\hat{e}_i \times \hat{e}_j = \sum_k \hat{e}_k\, \epsilon_{ijk}$ →

$$\vec{a} \times \vec{b} = \sum_{ijk} a_i b_j \hat{e}_k\, \epsilon_{ijk}$$

BAC-CAB: $\vec{a} \times (\vec{b} \times \vec{c}) = \vec{b} \cdot (\vec{a} \cdot \vec{c}) - \vec{c} \cdot (\vec{a} \cdot \vec{b})$

1.4. Spatprodukt (Volumen des Spats)

$$\vec{c} \cdot (\vec{a} \times \vec{b}) = \vec{b} \cdot (\vec{c} \times \vec{a}) = \vec{a} \cdot (\vec{b} \times \vec{c}) = \sum_{i,j,k} a_i b_j c_k \epsilon_{i,j,k}$$

2. Vektorfunktionen

2.1. Taylorentwicklung:

$$f(x) = \sum_{n=0}^{\infty} \frac{f^{(n)}(x_0)}{n!} (x - x_0)^n$$

3. Feld (Funktion von Vektoren)

3.1. Skalarfelder

$$T(\vec{r}) = T(x, y, z)$$

3.2. Vektorfelder

$$\vec{B}(\vec{r}) = \vec{B}(x, y, z)$$

3.3. Totales Differenzial

$$\frac{df}{dt} = \frac{\partial f}{\partial x}\frac{dx}{dt} + \frac{\partial f}{\partial y}\frac{dy}{dt} + \frac{\partial f}{\partial z}\frac{dz}{dt}$$

3.4. Gradient (Skalarfelder →Vektorfeld)

3.4.1.Richtung der größten Steigung:
$$grad\, f = \vec{\nabla} f = \begin{pmatrix} \frac{\partial f}{\partial x} \\ \frac{\partial f}{\partial y} \\ \frac{\partial f}{\partial z} \end{pmatrix}$$

3.4.2.Rechenregeln
    3.4.2.1. $\quad \nabla(f + g) = \nabla f + \nabla g$
    3.4.2.2. $\quad \nabla(f \cdot g) = f\nabla g + g\nabla f$

3.5. Divergenz (Vektorfelder→Skalarfeld)

3.5.1.Quellstärke des Feldes : $\quad div\, \vec{F} = \vec{\nabla} \cdot \vec{F} = \frac{\partial F_x}{\partial x} + \frac{\partial F_y}{\partial y} + \frac{\partial F_z}{\partial z}$

3.5.2.Rechenregeln

    3.5.2.1. $\quad \vec{\nabla}(\vec{F} + \vec{G}) = \nabla\vec{F} + \nabla\vec{G}$
    3.5.2.2. $\quad \vec{\nabla}(g \cdot \vec{F}) = \vec{F}\vec{\nabla}g + g\vec{\nabla}\vec{F} = \vec{F}\,grad\, g + g\,div\, \vec{F}$

3.6. Rotation (Vektorfeld → Vektorfeld)
3.6.1.Grad der Verwirbelung

$$rot\, \vec{F} = \vec{\nabla} \times \vec{F} = \sum_{i,j,k} \epsilon_{i,j,k} \frac{\partial F_j \hat{e}_k}{\partial x_i} = \begin{pmatrix} \frac{\partial F_z}{\partial y} - \frac{\partial F_y}{\partial z} \\ \frac{\partial F_x}{\partial z} - \frac{\partial F_z}{\partial x} \\ \frac{\partial F_x}{\partial x} - \frac{\partial F_x}{\partial x} \end{pmatrix}$$

3.6.2.Rechenregeln
    3.6.2.1. $\quad \vec{\nabla} \times (\vec{F} + \vec{G}) = \vec{\nabla} \times \vec{F} + \vec{\nabla} \times \vec{G}$
    3.6.2.2. $\quad \vec{\nabla}(g \cdot \vec{F}) = g(\vec{\nabla} \times \vec{F}) + (\vec{\nabla}g) \times \vec{F}$

3.7. Anwendung in der Physik:
3.7.1.Kräfte $\sim -\nabla V$ heißen *konservativ*, V ist ihr *Potential*: $E_{pot} + E_{kin} = const.$
3.7.2.Divergenz & Rotation
    3.7.2.1. $\quad div\, \vec{F} = 0$ → Quellenfrei
    3.7.2.2. $\quad rot\, \vec{F} = 0$ → Wirbelfrei

3.8. Sonstiges:

$$rot\, grad\, \vec{F} = 0$$
$$div\, rot\, \vec{F} = 0$$
$$div\, grad\, V = \nabla \cdot \nabla \cdot V = \Delta \cdot V$$

4. Krummlinige Koordinaten

4.1. Kkoordinaten:

$$x = r \cdot \cos(\phi); \quad y = r \cdot \sin(\phi)$$

4.2. Zylinderkoordinaten

$$x = \varrho \cdot \cos\varphi$$

$$y = \varrho \cdot \sin\varphi$$

$$z = z$$

4.3. Kugelkoordinaten

$$x = r \cdot \sin\vartheta\cos\varphi$$

$$y = r \cdot \sin\vartheta \sin\varphi$$

$$z = r \cdot \cos\vartheta$$

4.4. Einheitsvektoren:
Hier: Polarkoordinaten

$$\hat{e}_r = \frac{1}{\left|\frac{\partial r}{\partial s_k}\right|} * \frac{\partial r}{\partial s_k}$$

$$\dot{e}_r = \dot{\varphi} * e_\varphi$$
$$\dot{e}_\varphi = -\dot{\varphi} * e_r$$

4.5. Partialelemente (von s (z.B. kartesisch) nach y (z.B. Kugel))

Längenelement $ds_k = \left|\frac{\partial r}{\partial y_k}\right| \cdot dy_k$

Flächenelement $dF = ds_k \cdot ds_i = \left|\frac{\partial r}{\partial y_k}\right| \cdot \left|\frac{\partial r}{\partial y_k}\right| \cdot dy_k \cdot dy_i$

Volumenelement $dV = ds_k \cdot ds_i \cdot ds_j$

Partialelemente:

Zylinderkoordinaten:

$ds_r = dr, ds_\varphi = r * d\varphi, ds_z = dz$

$dF = r * dr * d\varphi$

$dV = r * dr * d\varrho * dz$

Kugelkoordinaten:

$ds_r = dr, ds_\vartheta = rd\vartheta, ds_\varphi = r * \sin(\vartheta) * d\varphi$

$dF = r * dr * d\varphi$

$dV = r * \sin^2\vartheta \, dr d\varphi d\vartheta$

5. Grundprobleme der Dynamik

5.1. Bewegung (Polarkoordinaten):

$$\dot{\underline{r}} = \underbrace{\dot{r}}_{Radialgeschwindigkeit}\hat{e}_r + \underbrace{r\dot{\varphi}}_{azimutale\ Geschwindikeit\ w\cdot r}\hat{e}_\varphi$$

$$\ddot{\underline{r}} = \hat{e}_r \cdot \underbrace{(\ddot{r} - r\cdot\dot{\varphi}^2)}_{Radialbeschleunigung} + \hat{e}_\varphi \cdot \underbrace{(2\dot{r}\dot{\varphi} + r + \ddot{\varphi})}_{Azimutalbeschleunigung}$$

5.2. Kinetische Energie auf einer Bewegung (Polarkoordinaten):

$$E_{kin} = \frac{1}{2}m\dot{\underline{r}}^2 = \frac{1}{2}m(\dot{r}\hat{e}_r + r\dot{\varphi}\hat{e}_\varphi) = \frac{1}{2}m(\dot{r}^2 + r^2\dot{\varphi}^2) = \frac{1}{2}m\dot{r}^2 + \frac{1}{2}\left(\underbrace{mr^2}_{Trägheitsmoment\ \Theta}\right)\dot{\varphi}^2$$

$$= \underbrace{\frac{1}{2}m\,v_r^2}_{Radialanteil:\ "Translationsenergie"} + \underbrace{\frac{1}{2}\Theta w^2}_{Winkelenergie:\ "Rotationsenergie"}$$

5.3. Pendel:

$$\ddot{x} + kx = 0 \rightarrow \text{harmonischer Oszillator}$$

Lösung $x(r)$ ist Schwingung mit Frequenz $f = \sqrt{k}$

Ansatz: $X(t) = A\sin\omega t + B\cos\omega t$ bzw. $X(t) = C * e^{i\omega t}$

5.4. Bewegung im konservativen radialsymmetrischen Kraftfeld ($\vec{F} = -\nabla V$):

5.4.1. $L = m\cdot\vec{r}\times\dot{\vec{r}} = mr^2\omega\hat{e}_L$ mit $\hat{e}_z = \hat{e}_L$

5.4.2. $E = \frac{m}{2}\dot{r}^2 + V(r) = \frac{m}{2}\dot{r}^2 + \frac{1}{2}m\,r^2\dot{\varphi}^2 + V(r) = \frac{p^2}{2M} + \underbrace{\frac{L^2}{2mr^2} + V(r)}_{Effektivpotential}$

$V(r)$ ist gegen durch $-\frac{\alpha}{r}$.

$V_{eff}(r)$ ist minimal bei $V'_{eff}(r) = -\frac{L^2}{mr^3} + \frac{\alpha}{r^2} = 0 \rightarrow r_0 = \frac{L^2}{m\alpha}$

Wenn $E = V_{eff}$ bildet sich eine Kreisbahn heraus. Ansonsten: Ellipsenbahn mit $V_{eff}(r_{min}) = V_{eff}(r_{max}) = E$

6. Komplexe Zahlen

$z = a + bi = |z| * e^{\wedge}(\arg(z))$

Argument: $\arg(z) = \varphi := \arctan\frac{b}{a} = \arcsin\frac{b}{r} = \arccos\frac{a}{r}$;

$|z| = \sqrt{z * \bar{z}} = r = \sqrt{a^2 + b^2}$; $\qquad \frac{1}{z} = \frac{\bar{z}}{z*\bar{z}} = \frac{a-bi}{a^2+b^2}$

Also: $z = a + bi = \underbrace{r * e^{i\varphi}}_{Eulersche\ Formel} = r*\cos\varphi + r*i*\sin\varphi$

Komplexe Wurzel $\sqrt[n]{z} = \sqrt[n]{|z|}e^{i\frac{\varphi}{n}}$

Gesucht: $\psi = \frac{\varphi}{n} + \frac{2\pi k}{n}$

N-te Wurzeln liegen auf einem Kreis mit Radius $\sqrt[n]{|z|}$

haben n verschiedene, äquidistante Winkel zu reellen Achsen

7. Matrizen und Tensoren

7.1. Rechenregeln: $\qquad (AB)^T = B^T \cdot A^T$

7.2. Drehmatrix D

    7.2.1. Zeilen sind paarweise orthogonal $\rightarrow D^T \cdot D = E = D \cdot D^T$

    7.2.2. $\det D = 1$

    7.2.3. Drehachse: Alle Vektoren, die nicht verändert werden.

    7.2.4. Drehwinkel: Vektor $\perp$ zu Drehachse. Dann drehen und Winkel bestimmen

7.3. Determinante

    7.3.1. $\det(cA) = c^n \det(A)$

    7.3.2. $\det(A \cdot B) = \det(A) \cdot \det(B) = \det(B \cdot A)$

    7.3.3. $\det(E) = 1$

    7.3.4. $\det A^{-1} = \frac{1}{\det A} \rightarrow$ Wenn $\det(A) = 0$ ex. A^{-1} nicht $(A \cdot A^{-1} = E)$

7.4. Eigenwerte und Eigenvektoren

    7.4.1. Eigenvektoren $\vec{x}$ und Eigenwerte λ von A:

$$(A - \lambda E)\vec{x} = \vec{0}$$

    Hat genau dann eine nichttriviale Lösung, wenn B^{-1} nicht existiert. $\rightarrow$

$$\det(A - \lambda E) = 0$$

    Eigenvektoren sind orthogonal!

7.5. Diagonalisieren von Matrizen H: $\quad \exists D: \quad H' = DHD^T = \begin{pmatrix} \lambda_1 & 0 & 0 \\ 0 & \lambda_2 & 0 \\ 0 & 0 & \lambda_3 \end{pmatrix}$

    7.5.1. **Diagonal**elemente von H′ sind die EW von H

    7.5.2. D besteht aus den EV von H

7.6. Trägheitstensor

$$\vec{L} = I\vec{\omega} \text{ mit } I = (r^2 * E - r \otimes r) = m \begin{pmatrix} x_2^2 + x_3^2 & -x_1 x_2 & -x_1 x_3 \\ -x_1 x_2 & x_1^2 + x_3^2 & -x_3 x_2 \\ -x_1 x_3 & -x_1 x_3 & x_2^2 + x_1^2 \end{pmatrix}$$

$$I_{ges} = (r_1 \rightarrow)I_1 + (r_2 \rightarrow)I_2 \ldots$$

Eigenwerte von I sind die <u>Hauptträgheitsmomente</u>, Eigenvektoren die <u>Hauptträgheitsachsen</u>.

8. Differenzialgleichungen

$$F\left(x, f(x), f'(x) \dots f^{(n)}(x)\right) = k = const.$$

- n heißt **Ordnung**
- **gewöhnlich** wenn nur eine Variable (hier: x) auftaucht, sonst partiell
- $k = 0 \rightarrow$ **homogen**

8.1. Homogene DGL n-ter Ordnung:
- n linear unabhängige Lösungen
- allg. Lsg. Der hom. DGL $f(x) = \sum_{j=1}^{n} c_j f_j(x)$
- sei $f_0(x)$ eine Lösung der inhom. DGL $\rightarrow$ allg. Lösung der inhom. DGL ist $f_0(x) + \sum_{j=1}^{n} c_j f_j(x)$

8.2. Koeffizienten
1) $a_j(x) = a_j = const. \rightarrow e^{\lambda x}$ löst die Gleichung
2) $a_j(x) = cx^j \rightarrow x^\alpha$ löst die Gleichung

8.3. Lösung einer inhom. DGL
8.3.1. Finde allg. Lsg. der hom. DGL
8.3.2. Suche spezielle Lsg. der inhomogenen DGL $f_0(x)$
8.3.3. allg. Lösung der inhom. DGL ist $f_0(x) + \sum_{j=1}^{n} c_j f_j(x)$

Beispiel: $\ddot{x} + \omega x = f_o * \cos(\Omega * t)$

1. Finde allgemeine Lösung der homogenen DGL.

$x(t) = cos(\omega_0 * t + \phi)$ löst $\ddot{x} + \omega * x = 0$
$\rightarrow$ Ein phasenverschobener Cosinus kann alle Link. Komb. Von Sinus und Kosinus darstellen.

2. Suche spezielle Lösung der inhom. DGl.

Ansatz: $x(t) = A * cos(\Omega * t) \rightarrow \ddot{x} = -\Omega^2 A cos(\Omega t) = -\Omega^2 x(t)$

Einsetzen:

$$[-\Omega^2 A + \omega_0^2 * A - f_0] * \cos(\Omega * t) = 0$$

$$\rightarrow A = \frac{f_0}{\omega_0^2 - \Omega^2}$$

3. allgemeine Lösung der inhomogenen DGL ist dann:

$$x(t) = \frac{f_0}{\omega_0^2 - \Omega^2} * \cos(\Omega t) + C * \cos(\omega_0 t + \phi)$$

Gekoppelte Schwingung:

$$m * \ddot{x}_i = -Dx_i + d * (x_j - x_i)$$

$$m * \ddot{x}_j = -Dx_j - d * (x_j - x_i)$$

Mit $\vec{x} = \begin{pmatrix} x_i \\ x_j \end{pmatrix}$ ist $\ddot{\vec{x}} = A * \vec{x}$ $\qquad \ddot{x}_i = -\frac{D+d}{m} * x_i + \frac{d}{m} * x_j$

$$\ddot{x}_j = \frac{d}{m} x_i - \frac{D+d}{m} x_j$$

$$\Rightarrow \begin{pmatrix} \ddot{x}_i \\ \ddot{x}_j \end{pmatrix} = \begin{pmatrix} -\dfrac{D+d}{m} & \dfrac{d}{m} \\ \dfrac{d}{m} & -\dfrac{D+d}{m} \end{pmatrix} * \begin{pmatrix} x_i \\ x_j \end{pmatrix} = A * \vec{x}$$

Möglicher Ansatz: $\vec{x} = \vec{x_0} * e^{i\omega t}; \ \vec{x_0} = \begin{pmatrix} x_{i,0} \\ x_{j,0} \end{pmatrix} = \vec{c} \rightarrow \ddot{\vec{x}} = \vec{c} * (-\omega^2) * e^{i\omega t} = -\omega^2 \vec{x}$

$A * \vec{x} = -\omega^2 \vec{x}$ oder $B * \vec{x} = \omega^2 * \vec{x}$ mit $B = -A$

$$B = \begin{pmatrix} \dfrac{D+d}{m} & -\dfrac{d}{m} \\ -\dfrac{d}{m} & \dfrac{D+d}{m} \end{pmatrix}$$

Bestimme Eigenwerte ω^2 zu B:

$$|B - \omega^2 * E| = \cdots = charakteristisches\ Polynom\ Lösen.$$

$\rightarrow \omega_1^2 = \frac{D}{m}$ und $\omega_S^2 = \frac{D+2d}{m}$

Eigenvektoren:

Zu ω_1^2: $(B - \omega_1^2 * E) * \vec{b}_1 = \vec{0}$ (oder Gleichungssystem lösen)

Zu ω_2^2: $(B - \omega_2^2 * E) * \vec{b}_2 = \vec{0}$

Hier $\vec{b_1} = \frac{1}{\sqrt{2}} \begin{pmatrix} 1 \\ 1 \end{pmatrix}$ und $\vec{b_2} = \frac{1}{\sqrt{2}} \begin{pmatrix} -1 \\ 1 \end{pmatrix}$

Rückführung einer linearen DGL n-ter Ordnung auf ein System erster Ordnung

$$a_0(x)f(x) + \cdots + a_n(x)f^n(x) = b(x)$$

Umstellen:

$$\to f^n(x) = \frac{1}{a_n(x)}\left(b(x) - a_0(x)*f(x) - a_1(x)*f'(x) - \cdots - a_n(x)*f^n(x)\right)$$

Mit Definition: $y_0(x) = y_0 = f(x); y_1 = f'(x); \ldots; y_{n-1} = f^{n-1}(x)$

Und $\vec{y}(x) = \vec{y} = \begin{pmatrix} y_0 \\ \cdots \\ \cdots \\ y_{n-1} \end{pmatrix}$ ist: $\frac{d}{dx}\vec{y} = \begin{pmatrix} 0 & 1 & & & \\ 0 & & 1 & & \\ & & \cdots & & \\ & & & 1 & \\ & & & & 1 \\ -\frac{a_0}{a_n} & -\frac{a_1}{a_n} & \cdots & -\frac{a_{n-2}}{a_n} & -\frac{a_{n-1}}{a_n} \end{pmatrix} * \vec{y} + \begin{pmatrix} 0 \\ \cdot\cdot \\ \frac{b}{a_n} \leftarrow letzte\ Zeile \end{pmatrix}$

Also $\frac{d\vec{y}}{dx} = A * \vec{y} + \vec{b}$

Bsp. $\vec{y}' = A * \vec{y}$ und $a_i(x) = a_i = const.$

Lösen wie 1-dim DGL $x' = \alpha x$ mit $\alpha \in \mathbb{R}$ oder $\mathbb{C} \to x = c * e^{\alpha x}; x' = c * \alpha * e^{\alpha x}$

$\vec{y}' = A * \vec{y}$ mit konstantem A hat die Lösung $\vec{y} = e^{At} * \vec{y_0}$

Dabei ist e^{At} **eine Matrix.** Diese ist über Talyorreihe definiert:

$$e^{At} = E + A * t + \frac{1}{2}A^2 * t^2 + \cdots + \frac{1}{n!} * A^n * t^n + \cdots$$

Sei A diagonalisierbar mit $A_{diag} =: diag(\lambda_1, \ldots, \lambda_n)$; wobei λ_i Eigenwerte von A sind.

Bekannt : $A_{diag} = Q^{-1} * A * Q$

Dann $A = Q * A_{diag} * Q^{-1}$ und $\to A^k = Q * A_{diag}^k * Q^{-1} = Q * diag(\lambda_1, \ldots, \lambda_n) * Q^{-1}$

Allgemein wenn Matrixfunktion f(A) über Taylorreihe definiert ist $f(A) = Q * diag\left(f(\lambda_1), \ldots, f(\lambda_n)\right) * Q^{-1}$

Also ist $e^{At} = Q * diag\left(e^{\lambda_1 t}, \ldots, e^{\lambda_n * t}\right)Q^{-1} = Q * \begin{pmatrix} e^{\lambda_1 t} & 0 & & 0 \\ 0 & \cdot\cdot & & \\ & & \cdot\cdot & 0 \\ 0 & & 0 & e^{\lambda_n * t} \end{pmatrix} * Q^{-1}$

Beispiel: $\ddot{x} + 2\gamma\dot{x} + \omega x = 0$

$\to y_0 = x(t); y_1 = \dot{x}(t); \to \vec{y}(t) = \begin{pmatrix} x(t) \\ \dot{x}(t) \end{pmatrix}$ Phasenraumvektor

DGL: $\dot{\vec{y}}\begin{pmatrix} \dot{x}(t) \\ \ddot{x}(t) \end{pmatrix} == \begin{pmatrix} 0 & 1 \\ -\omega_0^2 & -2\gamma \end{pmatrix} * \begin{pmatrix} x(t) \\ \dot{x}(t) \end{pmatrix}$

Lösung $\vec{y}(t) = e^{At} * \vec{y_0} = Q * \begin{pmatrix} e^{\lambda_1 t} & 0 \\ 0 & e^{\lambda_2 t} \end{pmatrix} * Q^{-1}$

Bestimme EigenwerteHier: $\vec{y} = Q * \begin{pmatrix} e^{(-\gamma+i\omega)t} & 0 \\ 0 & e^{(-\gamma-i\omega)t} \end{pmatrix} * Q^{-1} * \vec{y_0}.$

9. Integrale und Felder

9.1 Kurvenintegrale

Integral auf einem bestimmten Weg :

Geg. Kraftfeld $\vec{F}(x, y, z)$ auf Strecke $\Delta\vec{r}$ wird Arbeit $\Delta W = \vec{F} * \Delta\vec{r}$ verrichtet.

Teilen in n Teilstrecken führt zu Summe über kleine Arbeitsteilen mit infinitesemalen Teilstrecken ($\Delta\vec{r} \to d\vec{r}$)

$\to W = \int_C \vec{F} * d\vec{r_i}$ zu berechnen auf dem Weg C =(A→B) der nicht nur von den Endpunkten abhängt.

Weg C ist zu parametrisieren.

Bsp. Parabel: Parametrisierung $x = x; y = x^2; x\ von -2\ bis\ 2.$

$\vec{r} = \begin{pmatrix} x \\ y \end{pmatrix} = \begin{pmatrix} x \\ x^2 \end{pmatrix} \to \frac{d\vec{r}}{dx} = \begin{pmatrix} 1 \\ 2x \end{pmatrix} \to |d\vec{r}| = \left| \begin{pmatrix} 1 \\ 2x \end{pmatrix} dx \right|$

$$\to \int \_Parabel |d\vec{r}| = \int_{x=-2}^{x=2} \sqrt{1 + 4x^2}\, dx$$

Für Kurvenintegral: **Parametrisiere** Weg C bzw. Vektor $\vec{r}$ mit Parameter (t).

$$d\vec{r} = \dot{\vec{r}} * dt$$

$$\int_C \vec{F} * d\vec{r} = \int_{t_{anf}}^{t_{end}} \vec{F} * \dot{\vec{r}} * dt$$

Kurvenintegrale sind additiv.

Integral auf geschlossener Kurve (Anfangs- und Endpunkt sind gleich)

$\oint \vec{F} d\vec{r} = 0$, falls $\int \vec{F} d\vec{r}$ wegunabhängig ist.

Zu Arbeit: $W < 0$ $wenn$ Arbeit gegen die Kraftrichtung $\vec{F} = -\vec{\nabla} * V$ verrichtet werden muss also das Potential steigt. W>0 wenn das Kraftfeld Arbeit verrichtet.

$\vec{F}$ ist ein konservatives Kraftfeld wenn eine Aussage gilt (alle zueinander equivalent)

$$rot\ \vec{F} = 0 \leftrightarrow \vec{F} * d\vec{r}\ ist\ totales\ Differential\ einer\ skalaren\ Funktion \leftrightarrow \vec{F}\ ist\ Gradientenfeld: \vec{F} = \vec{\nabla}W$$

$$\leftrightarrow \vec{F}\ hat\ Potential: \vec{F} = -\vec{\nabla} * V \leftrightarrow W = \int dW = \int \vec{F} d\vec{r}\ ist\ wegunabhängig \leftrightarrow \oint \vec{F} d\vec{r} = 0.$$

9.3 Oberflächenintegrale

Flächenintegral:

$$I = \int_{x_1}^{x_2} \int_{y_1(x)}^{y_2(x)} g(x,y)dy = \int_{x_1}^{x_2} dx[G(x,y_2(x)) - G(x,y_1(x))]$$

Man schreibt Allgemein: $dF = ds_i * ds_j = dx * dy = d^2r$

Für Volumenintegral: $dV = ds_i * ds_j * ds_k = dxdydz = d^3r \quad nur\ in\ ONS!!!$

Allgemein gekrümmte Oberfläche:

$$r_u * r_v\ nicht\ immer\ null\ (d.h.\ nicht\ orthogonal!)$$

$$Fläche = \{\vec{r} = \vec{r}(u,v)|(u,v) \in Parameterbereich \subset \mathbb{R}\}$$

Längenelemente: $d\vec{s}_u = \frac{\partial \vec{r}}{\partial u} * du; \qquad d\vec{s}_v = \frac{\partial \vec{r}}{\partial v} * dv$

Flächenelement: $d\vec{F} = d\vec{s}_u \times d\vec{s}_v$ Richtung von $d\vec{F} \perp Fläche$

Beträg von $d\vec{F}$ ist Flächeninhalt:

Flächennormale: $\vec{n} = \frac{d\vec{F}}{|d\vec{F}|} = \frac{\frac{\partial \vec{r}}{\partial u} \times \frac{\partial \vec{r}}{\partial v}}{|\frac{\partial \vec{r}}{\partial u} \times \frac{\partial \vec{r}}{\partial v}|}$ Richtung so wählen dass bei geschlossenen Oberflächen n nach außen

zeigt! $\rightarrow d\vec{F} = \vec{n} * |d\vec{F}|$

$$d\vec{F} = \left(\frac{\partial \vec{r}}{\partial u} \times \frac{\partial \vec{r}}{\partial v}\right) * du * dv$$

Vektorfeld: $\vec{A}$

Fluss durch Fläche $\vec{F}$ mit $\phi = \vec{A} * \vec{F}$ und $\vec{A} = \vec{A}(x,y,z)$

$\rightarrow \phi = \int_{Fläche} \vec{A} * d\vec{F}$ bei geschlossenen Oberflächen $\triangleq \oiint d\vec{F} * \vec{A}$

9.4 Rotation und Satz von Stokes

Rotation als Wirbelfeld:

$z_C = \oint \vec{A} * d\vec{r}$ nennt man auch „Zirkulation" von $\vec{A}\ auf\ C.$

$\lim_{\Delta F \to 0} \frac{1}{\Delta F} * \oint \vec{A} * d\vec{r} = \vec{n} * rot\ \vec{A}$

Satz von Stokes: $\oint_{\partial(F)} \vec{A} * d\vec{r} = \oiint_F rot\ \vec{A} * d\vec{F}.$

9.5 Divergenz und Satz von Gauß

Divergenz als Quellenfeld $div\ \vec{A} = li\ m_{\Delta V \to 0} \frac{1}{\Delta V} \oiint_{OF(\Delta V)} \vec{A} d\vec{F}$

Beispiel Würfel: 6 Flächen! Satz von Gauß: $\oiint_{OF(\Delta V)} \vec{A} * d\vec{F} = \iiint div\vec{A} * dV$

1. $div\ \vec{E} = \frac{\varrho}{\varepsilon_o}$

2. $div\ \vec{B} = \vec{0}$

3.

    a. $rot\ \vec{E} = \vec{0}$

    b. $rot\ \vec{E} = -\frac{\partial \vec{B}}{\partial t}$

4.

    a. $rot\ \vec{B} = \mu_0 * \vec{j}\,,$

    b. $rot\ \vec{B} = \mu_0 * \vec{j} + \frac{1}{c^2} * \frac{\partial \vec{E}}{\partial t}$

3a, 4a→ $f\ddot{u}r\ zeitunabh\ddot{a}ngige\ Felder\ (statisch)\dot{\vec{E}} = \vec{O} = \dot{\vec{B}}$

3b,4b, für zeitabhängige Felder also allgemein.

In Integralform:

1.) $\oiint \vec{E} * d\vec{F} = \iiint div\ \vec{E} * dV = \frac{Q}{\varepsilon_0}$

2.) $\oiint \vec{B} * d\vec{F} = 0$

3.) $\oint \vec{E} d\vec{r} = \iint rot\ \vec{E} * d\vec{F} = 0 - \frac{\partial}{\partial t} \iint \vec{B} d\vec{F}$

4.) $\oint \vec{B} d\vec{r} = \iint \mu_0 * \vec{j} * d\vec{F} + \frac{1}{c^2} * \frac{\partial}{\partial t} * \iint \vec{E} * d\vec{F} = \mu_0 * I + \frac{1}{c^2} * \frac{\partial}{\partial t} * \iint \vec{E} * d\vec{F}$

Kontinuitätsgleichung: (Gesetz der Ladungs- (Massen-) erhaltung)

$div\ \vec{j} + \frac{\partial \varrho}{\partial t} = 0$

Gesamtladung: $Q = \iiint \varrho_Q * dV$ analog zur Gesamtmasse: $M = \iiint \rho * dV$

Wellengleichung aus Maxxwell Gleichungen:

Benutze 4te Gleichung(und leite auf beiden Seiten nochmals nach der Zeit ab!):

$$\frac{\partial}{\partial t}(rot\vec{B}) = \frac{1}{c^2}\frac{\partial^2\vec{E}}{\partial t^2}$$

$$rot\frac{\partial\vec{B}}{\partial t} = -rot\left(rot\,\vec{E}\right) = -grad\left(div\,\vec{E}\right) + \Delta\vec{E} = \Delta\vec{E}$$

$$\rightarrow \Delta\vec{E} - \frac{1}{c^2}\frac{\partial^2\vec{E}}{\partial t^2} = \vec{0}$$

Entsprechend für Magnetfeld $\vec{B}$

$$\frac{\partial}{\partial t}\left(rot\,\vec{E}\right) = -\frac{\partial^2\vec{B}}{\partial t^2} \rightarrow \Delta\vec{B} - \frac{1}{c^2}\frac{\partial^2\vec{B}}{\partial t^2} = \vec{0}$$

Poisson-Gleichung:

Zur Berechnung des elektrischen Potentials ϕ aus Ladungsdichte $\varrho(\vec{r})$)

$$\text{Potential } \phi \text{ mit } \vec{E} = -\vec{\nabla}*\phi; \quad div\,\vec{E} = \frac{\varrho}{\varepsilon_o} \rightarrow div\left(\vec{\nabla}*\phi\right) = -\frac{\varrho}{\varepsilon_o}$$

$$Poissongleichung: \Delta\phi = -\frac{\varrho(\vec{r})}{\varepsilon_0}$$

10. Die Delta-Funktion

10.1 Eigenschaften der Deltafunktion:

(1) $\int_{-\infty}^{\infty} f(x) * \delta(x - x_0)dx = f(x_0)$

     a. $\int_{-\infty}^{\infty} \delta(x - x_0)dx = 1$

(2) $\int_{a}^{b} f(x) * \delta(x - x_0)dx = \left\{ \begin{array}{ll} f(x_0) & \text{für } a < x_0 < b \\ 0, & \text{für } x_0 < a \text{ oder } x_0 > b \\ \frac{1}{2}f(x_0), & \text{für } x_0 = a \text{ oder } x_0 = b \end{array} \right\}$

(3) $\delta(-x) = \delta(x)$ also auch $\delta(x - x_0) = \delta(x_0 - x)$

(4) $\delta(ax) = \frac{1}{|a|}\delta(x)$ mit $a \neq 0$

(5) $\delta\big(h(x)\big) = \sum_{j=1}^{N} \frac{1}{\left| h'\left(x_{j_0}\right) \right|} * \delta(x - x_{j_0})$ mit x_{j_0} die Nullstellen von $h(x)$

(6) $\int_{-\infty}^{\infty} f(x) * \delta'(x - x_0)dx = -f'(x_0)$

(7) $H'(x) = \delta(x)$ mit $H(x) = \left\{ \begin{array}{ll} 0, & \text{für } x < 0 \\ \frac{1}{2}, & \text{für } x = 0 \\ 1, & \text{für } x > 0 \end{array} \right.$

(8) $\delta(x) = \frac{1}{2\pi} * \int_{-\infty}^{\infty} e^{ikx}dk$ ←Fourriertransformation

10.3 Dreidimensionale Deltafunktion:

$$\delta(\vec{r} - \vec{r}_0) = \delta(x - x_0) * \delta(y - y_0) * \delta(z - z_0)$$

$$\rightarrow \iiint_{\mathbb{R}^3} f(\vec{r}) * \delta(\vec{r} - \vec{r}_0)d^3r = f(\vec{r}_0)$$

Krummlinige Koordinaten:

$\delta(\vec{r} - \vec{r}_0) = \frac{1}{b_1 * b_2 * b_3} * \delta(y_1 - y_{10}) * \delta(y_2 - y_{20}) * \delta(y_3 - y_{30})$ mit $b_i = \left| \frac{\partial \vec{r}}{\partial y_i} \right|$ und $dV = ds_1 * ds_2 * ds_3$

Zylinderkoordinaten: $\delta(\vec{r} - \vec{r}_0) = \frac{1}{\varrho_0} * \delta(\varrho - \varrho_0) * \delta(\varphi - \varphi_0) * \delta(z - z_0)$

Kugelkoordinaten: $\delta(\vec{r} - \vec{r}_0) = \frac{1}{r_0^2 \sin(\vartheta)} * \delta(r - r_0) * \delta(\varphi - \varphi_0) * \delta(\vartheta - \vartheta_0)$

Zusammenfassung

Physik

Impuls: $\vec{p} := m\vec{v}$

1. Axiom: Trägheitsgesetz $\quad \frac{\mathrm{d}}{\mathrm{d}t}\vec{p} = 0$

2. Axiom: Kraftgesetz: $\quad \vec{F} := \frac{d}{dt}\vec{p}$ $\quad$ Kraft ist Impulsänderung

3. Axiom: Actio=Reactio: $\quad \vec{F}_{12} = -\vec{F}_{21}$

Federkraft: $\quad \vec{F} = -D\vec{r}$

Gravitationskraft: $\quad \vec{\mathrm{F}} = -\gamma\frac{\mathrm{m}_1\mathrm{m}_2}{\mathrm{r}^2}\hat{\mathrm{r}}$

Arbeit: $\quad W = \underbrace{\vec{F} * \vec{s}}_{\substack{bei\ konstanter\ Kraft\\Kraft\ in\ Wegrichtung}} = \int_{\vec{r}_1}^{\vec{r}_2}\vec{F}\cdot\mathrm{d}\vec{r} = \underbrace{\int_{t_1}^{t_2}\vec{F}\big(\vec{r}(t)\big) * \frac{d}{dt}\vec{r}(t) * dt}_{Weg\ wird\ mit\ t\ parametrisiert}$

Porentielle Energie in konservativen Kraftfeldern: $\quad E_{\mathrm{pot}} = mgh$

Stoßvorgänge

Impulserhaltung: $p_{ges\ vorher} = p_{ges\ nachher}$

Energieerhaltung: $E_{ges\ vorher} = E_{ges\ nachher}$

1. Zentral Elastischer Stoß
   a. Impulserhaltung
   b. Energieerhaltung
2. Zentral unelastischer Stoß
   a. Nur Impulserhaltung
   b. Kinetische Energie wird in innere Energie umgewandelt (hier keine Energieerhaltung)

Reibung

Haftreibungskraft: $\quad \vec{F}_R = \mu\vec{F}_N$ $\quad F_H = G\sin\alpha,\ F_N = G\cos\alpha$ und $\mu = \tan\alpha$

Stokes'sche Reibung (in Flüssigkeiten) $\quad \vec{F}_R = -\gamma_S\vec{v}$ für Kugeln: $\gamma_S = 6\pi r\eta$

Newton'sche Reibung (in Gasen) $\quad \vec{F}_R = \gamma_N|\vec{v}|\vec{v}$ Koeffizient:: $\gamma_N = c_w\frac{\rho}{2}A$

Schwingungen

$$m\ddot{x} + Dx = 0$$

Ansatz: $\quad x(t) = A\cos\omega_0 t$

$$\omega_0 = \sqrt{\frac{D}{m}} = \frac{2\pi}{T} = 2\pi f$$

Mit Reibung/Dämpfung:

$$m\ddot{x} + \gamma\dot{x} + Dx = 0$$

Ansatz: $\quad x(t) = Ae^{\alpha t}$

$$\alpha = -\frac{\gamma}{2m} \pm \underbrace{\sqrt{\frac{\gamma^2}{4m^2} - \frac{D}{m}}}_{Diskriminante}$$

$$\rightarrow \begin{cases} \text{Diskriminante} > 0\text{: Kriechfall} \\ \text{Diskriminante} = 0\text{: aperiodischer Grenzfall (kritische Dämpfung)} \\ \text{Diskriminante} < 0\text{: Schwingfall} \end{cases}$$

Periodische Anregung:

$$m\ddot{x} + \gamma\dot{x} + Dx = F_0\cos\Omega t$$

Ansatz: $\quad x(t) = A\cos\Omega t$

Ohne Dämpfung: $\quad \rightarrow A = \dfrac{\left(\frac{F_0}{m}\right)}{\omega_0^2 - \Omega^2}$

Resonanzkatastrophe: *Für* $\omega_0 \rightarrow \Omega$ strebt Amplitude gegen unendlich.

Mit Dämpfung: $\quad A = \dfrac{F_0}{m} * \dfrac{1}{\omega_0^2 + 2i\gamma\Omega - \Omega^2}$

Phasenbeziehungen:

Zwischen Anregung und Schwingung entsteht eine Phasenverschiebung:

$$\tan\phi = Im(A)/Re(A)$$

Kreisbewegungen

$$\omega(t) := \frac{d}{dt}\phi(t)\ v(t) = \omega \cdot r$$

Translation	Rotation
Wegstrecke $\qquad s$	Winkel ϕ
Masse $\qquad m$	Trägheitsmoment $\Theta := m \cdot r^2$
Geschwindigkeit $\qquad \vec{v}$	Winkelgeschwindigkeit ω $\omega(t) := \dfrac{d}{dt}\phi(t); v(t) = \omega \cdot r$
Impuls $\vec{p} = m\,\vec{v}$	Drehimpuls $\vec{L} := \vec{r} \times \vec{p} = \Theta\vec{\omega} = m \cdot r^2 \omega$ $\lvert L \rvert = m * r^2 * \omega;$ $\varphi = \angle(p, r)$
Kraft $\qquad \vec{F} = d\vec{p}/dt$	Drehmoment $\quad \vec{M} := \dfrac{d\vec{L}}{dt} = \vec{r} \times \vec{F} = r * F * \sin\alpha$
Energie $\qquad E_{kin} = \frac{1}{2}mv^2$	Energie: $\qquad E_{rot} = \frac{1}{2}\Theta\omega^2$
Bewegungsgleichung: $m * \vec{a} = \dfrac{d\vec{p}}{dt}$	$\dfrac{d\vec{L}}{dt} = \theta * \dot{\omega} = M_\omega$

Zentrifugalkraft: $\vec{F}_{ZF} = m * \vec{\omega} \times (\vec{r} \times \vec{\omega})$

Corioliskraft: $\quad \vec{F}_C = 2\,m\,(\vec{v}' \times \vec{\omega}) = 2m\,v'\sin\alpha\,\omega$

Schwerpunktsystem:

$$\vec{R} = \frac{m_1\vec{r}_1 + m_2\vec{r}_2 + \cdots + m_n\vec{r}_n}{m_1 + \cdots + m_n} = \frac{\sum_{i=1}^{n} \vec{r}_i m_i}{M}$$

Kinetische (Bewegungs-) Energie starrer Körper

$$E_{kin} = \underbrace{\frac{1}{2} M \dot{\vec{r}}^2}_{\text{Translation}} + \underbrace{\frac{1}{2} \Theta \omega^2}_{\text{Rotation}}$$

Trägheitsmoment eines Körpers: $\Theta = \int_K \vec{r}^2 \, dm = \int_K \vec{r}^2 \rho * dV$

Satz von Steiner: $\quad \Theta_B = \underbrace{\Theta_S}_{bzgl\ Schwerpunktachse} + \underbrace{M\, r_{BS}^2}_{bzgl\ Drehachse}$

Präzession:

Ein symmetrischer Kreisel sei kräftefrei aufgehängt.

Nun wirke eine Kraft $\vec{F}$ im Abstand $\vec{r}$ vom Aufhängepunkt entfernt.

Beispiel: Nicht im Schwerpunkt aufgehängter Fahrradkreisel unter Einfluss der Gewichtskraft:

$$\vec{M} = \frac{d\vec{L}}{dt} = \vec{r} \times \vec{F} = r \times m\vec{g}$$

Das Drehmoment steht senkrecht auf dem Drehimpuls und bewirkt daher nur eine Richtungsänderung.

$$\left| d\vec{L} \right| = L \, d\phi$$

Damit: $\quad \vec{M} = \left| \vec{L} \right| \frac{d\phi}{dt}$

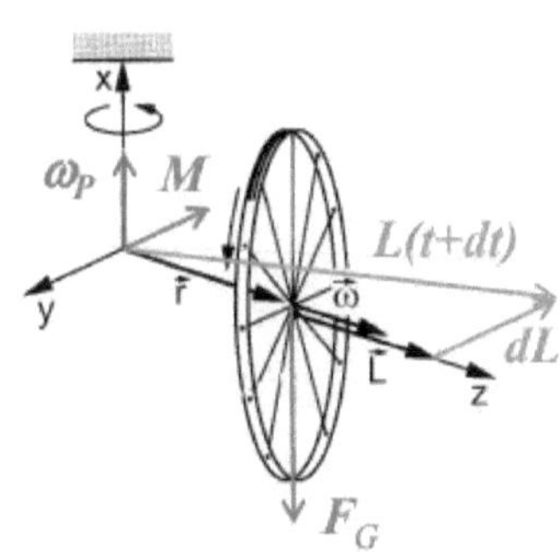

Hiermit bestimmen wir die **Präzessionsfrequenz:** $\omega_P = \dfrac{d\phi}{dt} = \dfrac{M}{L} = \dfrac{M}{\Theta\omega}$

Balkenbiegung:

Hookesches Gesetz: $\frac{F}{A} = E\frac{\Delta L}{L}$

Querkontraktionszahl (Poissonzahl) $\mu := -\frac{\Delta d}{d} / \frac{\Delta L}{L}$

(Allseitiger) Druck $\qquad P = \frac{F}{A} = -\sigma$

Flächenträgheitsmoment: $\Theta_F = \int\int z^2\, dy\, dz$

Mit Querschnittsfläche $A = \int dy dz$ mit Längsachse in x und Kraft in positive Z-Richtung. Querschnitt.

Drehmoment: $M(x) = F(L - x)$

Biegelinie: $z(x) = -\frac{F_0}{2\theta_{Fy}} * L * x^2 + \frac{F_0}{6\theta_{Fy}} * x^3$

Daraus ergibt sich die maximale Durchbiegung zu:

$$z(L) = -\frac{L^3}{3\,E\,\Theta_F}F$$

Doppler Effekt

u_E: Geschwindigkeit des Empfängers

u_S: Geschwindigkeit des Senders

1. Fall: Sender ruht   Empfänger bewegt

$$f_E = f_S * \left(1 \pm \frac{u_E}{v_{ph}}\right) \qquad \begin{matrix} + \ bei\ Ann\ddot{a}hern \\ - \ bei\ Entfernen \end{matrix}$$

2. Fall: Sender bewegt   Empfänger ruht

$$f_E = f_S * \frac{1}{\left(1 \pm \frac{u_S}{v_{ph}}\right)} \qquad \begin{matrix} - \ bei\ Ann\ddot{a}hern \\ + \ bei\ Entfernen \end{matrix}$$

Beide Bewegt: $\qquad \lambda_E = \lambda_S(1 \pm \frac{u_E}{v_{ph}})$

$$f_E = f_S * \left(\frac{v_{ph} \pm u_E}{v_{ph} \mp u_S}\right)$$

Schallmauer: Wenn $u \geq vph$ ist.

Wellen

$$k = \frac{2\pi}{\lambda}$$

$$\lambda f = c$$

$$X_1(x, t) = A \sin(kx + \omega t)$$

Überlagerung:

1. **Gleiche Frequenz und Amplitude: Stehende Wellen**
- Entsteht durch Überlagerung zweier gegenläufiger Wellen gleicher Frequenz f und gleicher Amplitude a.
- Punkte, die sich nicht bewegen: **Knoten.**
  Punkte, die mit 2a schwingen: **Bäuche.**
- **Abstand** zweier Konten/Bäuche: $\frac{1}{2}\lambda$
- **Transversalwellen**:
  a) Reflexion am **freien** Ende: **Spiegelung** (Reflektion mit Phasenverschiebung $\varphi = 0$), da Bauch
  b) Reflexion am **festen** Ende: **Punktspiegelung** (Reflektion mit Phasenverschiebung $\varphi = \pi$), da Knoten
  c) $X(x, t) = 2A \sin(kx) \cos(\omega t)$

2. **Schwebung**
$$X(x, t) = 2A \underbrace{\cos(kx - \omega t)}_{Schwingung} \underbrace{\cos(\Delta k\, x - \Delta \omega t)}_{Einhüllende}$$

Hydromechanik:

Druck: $\qquad P = \dfrac{F}{A}$

Dichte: $\qquad \rho := \dfrac{m}{V}$

Schweredruck: $\qquad P_G = \dfrac{mg}{A}\dfrac{h}{h} = \dfrac{m}{V}\,gh = \rho g\,h$

Auftriebskraft: $F_A = \rho g\,A\,\Delta h$

Eintauchtiefe (schwimmender Körper, $|F_A| > |F_G|$): Taucht ein bis $|F_A| = |F_G|$

Oberflächenspannung:

$\qquad$ Young-Gleichung $\qquad \cos\phi = \dfrac{\sigma_{1,3} - \sigma_{1,2}}{\sigma_{2,3}}$

Benetzungsgrad:

$\phi = 0°$: ideal benetzend

$0° < \phi \leq 90°$: partiell benetzend

$90° < \phi < 180°$: partiell nicht-benetzend

$\phi = 180°$: nicht benetzend

$dE_{\text{oberfl}} = -2\pi r\,dh\left(\sigma_{1,3} - \sigma_{1,2}\right) = 2\pi r\,dh\,\sigma_{2,3}\cos\phi$

Steighöhe: $E_{pot} = dE_{oberfl}$

Stationäre Strömung: Strömungsgeschwindigkeit ist an jedem Ort konstant.

Laminare Strömung: Die Strömungslinien schneiden sich nicht. (rot v=0)

Nicht laminar $\rightarrow$ turbulente Strömung

Kontinuitätsgleichung: $A_1 * v_1 = A_2 * v_2$

Bernoulli-Gleichung:

Betriebsdruck: $\quad P = F/A$

Staudruck: $\quad P_{\text{Stau}} = \frac{1}{2}\rho v^2$

Schweredruck: $\quad P_{\text{G}} = \rho g\, h$

Für laminare Strömung gilt die Bernoulligleichung:

$$P + \frac{1}{2}\rho v^2 + \rho g\, h = P_0 = const.$$

Bsp. Flügel:

Weg oben länger als unten. Luft oben schneller als unten: $\rightarrow\ v_2 > v_1$

$$F = (P_1 - P_2)A = \frac{1}{2}\rho(v_2^2 - v_1^2)$$

Differentielle Kontinuitätsgleichung: $\quad \frac{\partial \rho}{\partial t} + \text{div}(\rho \vec{v}) = 0$

Bei inkompressiblen Flüssigkeiten: $\rho = const. \rightarrow div\ \vec{v} = 0$.

Eulersch'e Bewegungsgleichung: $\quad \frac{\partial \vec{v}}{\partial t} + \left(\vec{v} \cdot \vec{\nabla}\right) \cdot \vec{v} = -\frac{1}{\rho}\text{grad}\,P - \vec{g}$

Spezielle Relativitätstheorie:

Spezielles Relativitätsprinzip:

Alle Inertialsysteme sind gleichwertig.

Die Lorentz-Transformation

Voraussetzungen:

1. Das spezielle Relativitätsprinzip gilt.

2. Der Raum isotrop.

3. Raum und Zeit sind homogen.

$$\gamma = \sqrt{1 - \left(\frac{v}{c_0}\right)^2}^{-1}$$

Lorentz-Kontraktion: $\quad \Delta x = \sqrt{1 - \left(\frac{v}{c_0}\right)^2}\; \Delta x'$

Relativistische Drehung: $\quad \Theta = \arcsin\frac{v}{c} = \arccos\sqrt{1 - \left(\frac{v}{c_0}\right)^2}$

Zeit-Dilatation: $\quad \Delta t' = \gamma \Delta t$

Additionsformel für Geschwindigkeiten: $\quad u' = \dfrac{u+v}{1+\frac{uv}{c_0^2}}$

V Relativgeschwindigkeit, u Geschwindigkeit im System S. u' Geschwindigkeit gemessen in S'.

Bzw. $u = \dfrac{u'-v}{1-\frac{u'v}{c_0^2}}$

Relativistischer Impuls: $\quad \vec{p} = m_0 \gamma \vec{v}$

Relativistische Masse-Energie-Beziehung: $E = mc_0^2$,mit $m(v) = m_0 * \gamma$

Gravitationsfeld

Gravitationskraft: $\qquad \vec{F} = -\gamma \dfrac{m_1 m_2}{|\vec{r}|^2} \dfrac{\vec{r}}{|\vec{r}|}$

Gravitationsgesetz: $\quad \oint_F \vec{g} \cdot d\vec{A} = 4\pi\gamma \int_V \rho\, dV$

Gravitation einer Punktmasse: $\vec{F} = -\gamma \dfrac{m_1 m_2}{r^2} \dfrac{\vec{r}}{|\vec{r}|}$

Gravitationsfeld einer Kugel:

$$F = \begin{cases} -\gamma m_1 M \dfrac{1}{r^2}\, ; \text{Außenraum } r > R \\ -\gamma \dfrac{m_1 M}{R^3} r\, ; \text{Innenraum } r < R \end{cases}$$

Beispiele: Druck und Temperatur sind intensive (Intensität),

Volumen und Teilchenzahl extensive (Quantität) Größen.

$[PV] = [TS] = [\mu N] = $ Energie

Zu einander konjugierte Größen: P ist konjugierte Größe zu V.

Basisgrößen:

Stoffmenge: 1 mol.

Avogadrozahl: $N_A = 6.023 * 10^{23} * \frac{1}{mol}$

Teilchenzahl N: $N = N_A * n$, n ist die Molzahl

Temperatur T: in Kelvin. (T_C in $°C$!)

Thermische Ausdehnung: $L(T_C) = L(0_C) * (1 + \alpha * T_C)$
mit α also Ausdehnungskoeffizient

Gleichverteilungssatz: $E_{kin} = \frac{3}{2} \sum_i N_i \left(\frac{p_{ix}^2}{m}\right)$

$PV = \frac{2}{3} E_{kin}$ bzw. $\rightarrow PV = \frac{2}{3} N < E_{kin} >$

$PV = N \, k_B \, T$ mit Boltzmannkonstante $k_B = 1{,}3805 * 10^{-23} \frac{J}{K}$

   $\rightarrow T \, MUSS$ immer größer null sein!

Ideale Gaskonstante: $R = N_A * k_B = 8{,}3143 \frac{J}{K\,mol}$

Ideales Gasgesetz: $\rightarrow PV = n \, R \, T$

    Boyle-Mariottsches Gesetz: $P * V = const$ Für *T*=const, **isotherm**

    Gay-Lussac Gesetz: $P \sim T$ Für *V*=const, **isochor**

    Gesetz von Charles: $V \sim T$ Für *P*=const, **isobar**

Innere Energie:

Es wird definiert: $\qquad U = E_{\mathrm{kin}} + E_{\mathrm{pot}}$,

$E_{pot} = 0$ beim Idealen Gas alle WW ausgeschlossen

Innere Energie des idealen Gases: $\rightarrow U = \dfrac{3}{2} n\, R\, T$

Brownsche Molekularbewegung:

$$< E_{kin} > = \frac{3}{2}\, k_B T \leftrightarrow \frac{1}{2} m v^2 = \frac{3}{2} k_B T$$

Entropie:

Ein System entwickelt sich immer in Richtung eines wahrscheinlicheren Zustands.

Entropie (in der Thermodynamik): $\quad S = N\, k_B\, \ln(m)\quad$ Einheit: [S]=J/K m ist Gefäßanzahl

Entropiedifferenz: $\qquad \Delta S = S_2 - S_1 = n\, R \ln \dfrac{V_2}{V_1}$

Reversible und irreversible Prozesse

Adiabatische Prozesse

Es findet kein Wärmeaustausch ($dQ = 0$) mit der Umgebung statt. Wechselwirkung ist nur über mechanische Arbeit möglich.

Eine Zustandsveränderung eines adiabatischen Systems heißt irreversibel, wenn sich dabei die Entropie vergrößert.

1. Hauptsatz (Energieerhaltung)

Es gibt eine Zustandsgröße, innere Energie U genannt, deren Größe nur vom Zustand des Systems, nicht aber vom Weg dorthin abhängt.

$$dU = dW + dQ$$

dU: Änderung der inneren Energie ,dW: Änderung der mechanischen Arbeit, dQ: Änderung der Wärme

Weiter gilt: $\qquad dW_{irrev} > dW_{rev}$

Da gilt: $\qquad dU_{irrev} = dU_{rev}$

Und daraus folgt: $\qquad dQ_{irrev} < dQ_{rev}$

2. Hauptsatz

Es gibt eine Zustandsgröße, Entropie S genannt, deren Größe nur vom Zustand des Systems, nicht aber vom Weg dorthin abhängt.

Von allen möglichen thermodynamischen Zuständen, die mit den Randbedingungen kompatibel sind, wird derjenige eingenommen, für den die Entropie maximal wird.

$$dU = -P\,dV + T\,dS$$

3. Hauptsatz (Nernst'sche Theorem)

Wenn $T = 0$ dann $S = 0$.

Druck und innere Energie: $P = \left(-\dfrac{\partial U}{\partial V}\right)_S$

Temperatur und innere Energie: $T = \left(\dfrac{\partial U}{\partial S}\right)_V$

Entropieänderung;

1. Isothermer Prozess (T=const.) $\Delta S = n\,R\ln\dfrac{V_2}{V_1}$

2. Isochorer Prozess (V=const.) $\Delta S = \dfrac{3}{2}n\,R\ln\dfrac{T_2}{T_1}$

3. Isobarer Prozess (P=const.) $\Delta S = \dfrac{5}{2}n\,R\ln\dfrac{T_2}{T_1}$

Wärmekapazität C: $dQ = C * dT;$ $[C] = \dfrac{J}{K}$

Spezifische Wärme (Molwärme): C=n*c

Spezifische Wärme bei konstantem Volumen: $C_V = \dfrac{\partial U}{\partial T} = \dfrac{3}{2}\,n\,R$

Spezifische Wärme bei konstantem Druck $C_P = C_V + nR > C_V$

Adiabatenkoeffizient: $\kappa := \dfrac{C_P}{C_V}$

Hat ein Molekül f Freiheitsgrade dann gilt:

$C_V = \dfrac{f}{2}\,n\,R$ und $C_P = \left(\dfrac{f}{2}+1\right)nR$ und damit $\kappa = \dfrac{f+2}{f}$

Festkörper: **Gesetz von Dulong Petit:** $C_V = 3\,n\,R$

Mischungstemperatur: $T_{End} = \dfrac{C_E T_E + C_W T_W}{C_E + C_W}$

Also : Formeln

$$P * V = nRT \rightarrow P = \frac{nRT}{V} \rightarrow V = \frac{nRT}{P}$$

$$U = \frac{3}{2}nRT \qquad\qquad dU = \frac{3}{2}nR * dT$$

$$dU = dW + dQ$$

$$dW = -PdV \qquad\qquad dQ = T * dS$$

$$dU = -PdV + TdS$$

Carnotscher Kreisprozess:

1. Reversible isotherme Expansion bei hoher Temperatur T_H:
$$T = const.\, dT = 0 \rightarrow nRdT = dU = 0!$$
$$0 = dU = dW + dQ = -PdV + dQ \rightarrow dQ = PdV \ldots integral$$

2. Reversible adiabatische Expansion auf eine niedrigere Temperatur T_K
$$dQ = 0\ gilt\ (da\ adiabatisch), \rightarrow dU = dW \rightarrow dW = dU = \frac{3}{2}nRdT$$

3. Rversible isotherme Kompression auf niedriger Temperatur T_K
$$dW = nRT_K \ln\left(\frac{V_3}{V_4}\right) = -dQ > 0$$

4. Wie 2. Die zur Kompression zu leistende Arbeit geht in die Erhöhung der Inneren Energie

Thermischer Wirkungsgrad

$$\eta_{th} = \frac{\text{vom Arbeitszylinder geleistete Arbeit}}{\text{vom Arbeitszylinder aufgenommene Wärme}}$$

$$\eta_{th} \leq 1 - \frac{T_K}{T_H} = \eta_C \quad \eta_C \text{ ist der Carnotsche Wirkungsgrad}$$

Perpetuum Mobile 1. Art:

Der <u>1.Hauptsatz</u> verbietet unmittelbar periodisch arbeitende Maschinen, die nichts anderes tun, als mechanische Arbeit zu liefern. Wegen $dU = 0$ nach einem Zyklus und mit $dQ = 0$ folgt sofort $dW = 0$.

Perpetuum Mobile 2. Art:

Wärmebadabkühlung. Verschwindender Wirkungsgrad bei $T_H = T_K$.

1.) Isotherme Expansion bei Temperatur T_H von A nach B –

$T = const. \rightarrow dU = dQ_1 + dW = 0, weil\ dT = 0 \qquad \rightarrow dW = -dQ_1 < 0$

2.) Isochore (V=konst.) Abkühlung auf eine Temperatur T_K von B nach C

$dW = 0, \ddot{A}nderung\ von\ T\ um\ \Delta T\ in\ jedem\ Schritt$ Es wird dabei dQ_0 an die Zwischenreservoire abgegeben. $dQ_0 = dU = U_B - U_C$

3.) Isotherme Kompression bei Temperatur T_K von C nach D

Dazu leisten wir Arbeit am System. Diese wird als Wärme dQ_3 an das Reservoir T_K abgegeben. $\qquad dW = -dQ_3; \text{mit } dW > 0$

4.) isochore Erwärmung auf die Temperatur T_H von D nach A

$|dQ_0| = |dU| = |U_A - U_D| = |U_B - U_C|$

Die Wärme wird wieder aufgenommen!

Mittlere freie Weglänge: $l = \dfrac{1}{\frac{N}{V}*\sigma}$ mit $\sigma = \pi r^2$ als Stoßquerschnitt und

$\dfrac{N}{V} = Teilchenzahl\ pro\ Volumen.$